LAURENT TAILHADE

PETIT BRÉVIAIRE

DE LA

GOURMANDISE

PARIS
ALBERT MESSEIN, ÉDITEUR
Successeur de Léon Vanier
19, QUAI SAINT-MICHEL, 19

1919

PETIT BRÉVIAIRE

DE

LA GOURMANDISE

LAURENT TAILHADE

PETIT BRÉVIAIRE

DE LA

GOURMANDISE

PARIS

ALBERT MESSEIN, ÉDITEUR

Successeur de LÉON VANIER

19, QUAI SAINT-MICHEL, 19

1914

IL A ÉTÉ TIRÉ DE CE LIVRE

*10 exemplaires sur Japon impérial numérotés 1 à 10
et 20 exemplaires sur Hollande numérotés de 11 à 30*

N° 

PETIT BRÉVIAIRE

DE LA GOURMANDISE

PETIT BRÉVIAIRE
DE LA GOURMANDISE

Dans *Le crime de Sylvestre Bonnard*, l'un
des premiers et le meilleur peut-être de
ses contes, ravivant la mémoire du sieur An-
toine Carême, ce Napoléon de la cuisine qui
mourut tout jeune encore (1784-33), brûlé
par la flamme du génie et le charbon des rô-
tissoires, Anatole France a tiré de l'oubli un
apophtegme, digne à jamais d'habiter la mémoire des hommes :

« Les Beaux-Arts — dit Carême — sont au
nombre de cinq, à savoir : la Peinture, la Poésie, la Musique, la Sculpture et l'Architecture
laquelle a pour branche principale la Pâtisserie. »

Le grand homme en veste blanche, qui légua cette phrase rapide et magnanime aux siècles à venir, qui, s'égalant à Mansard, à Gabriel, à Claude Perrault, ne voyait entre la Colonnade du Louvre, entre le Garde-Meuble et les fruits en pyramides ou les pièces montées, aucune distinction qui ne fût à sa gloire, promulgue un axiome définitif et la plus solide vérité quand, touché par la Muse des fourneaux, il attribue à la cuisine un rang d'élection, que dis-je ? la première place dans le royaume des Beaux-Arts.

Car il serait injuste de borner à la technique, enchanteresse mais subsidiaire, des Boissier ou des Rebattet, la maxime du vieux maître. Elle comprend aussi bien que le Petit-four, la broche, la casserole et toutes les sortes de fourneaux.

Depuis le temps de la préhistoire, cet Age d'or où le Pithecanthrope mal évolué se nourrissait de glands, d'herbe verte et de gibier cru, buvait aux cressonières l'eau féconde en vilaines bêtes jusqu'à l'ère auguste des Cambacérès et des Grimod, des goinfres magnanimes dont s'honora la France, au début du siècle dernier, l'homme n'a pas eu de but plus constant ni de plus chère étude que le moyen d'accroître et d'améliorer les passe-temps de bouche qui sont à la fois le premier besoin de la nature et le plus bel ornement des civilisations.

La table, en effet, se peut définir le lien civil par excellence. Elle donne de l'esprit aux niais, du caractère aux timides. Elle oriente nos humeurs vers l'optimisme, la courtoisie et la libéralité. L'heure de la digestion est celle où tous les hommes se reconnaissent pour frères, où, dans l'azur des cigares exquis, leur entendement, de prime abord, élucide les problèmes dont la discussion a pour effet ordinaire de les mettre en courroux.

Le praticien, en veste blanche, qui marmitonne les ragoûts, entérine les sauces et conquiert sur Héphaistos la gloire des rôtis, quand il ajoute du poivre ou modère les épices, fomente, du même coup, belle humeur et sociabilité.

C'est un grand poète, expert à créer des émotions, grâce au langage péremptoire des papilles gustatives.

Il combine des saveurs, suscite des aromes. Il dégage le potentiel des truffes, les arcanes du gibier, comme d'autres élaborent une sonate ou un sonnet. La cuisine pacificatrice élève l'esprit, adoucit les mœurs. Elle fait jaillir l'éloquence des lèvres qu'elle a touchées.

Certains coulis ont la profondeur abstruse des métaphysiques ; il est des sauces à la crème dont la douceur émeut comme le récit d'une bonne action.

Les champignons évoquent des sites forestiers, les huîtres des paysages maritimes, souvenir de Courbet ou de Ruysdaël.

Mêlé à la pulpe écarlate des pommes d'or, le poivre de Cayenne suggère une vision d'Afrique ou d'Andalousie, d'*oulels-naïls* ou de chanteuses gaditanes, mimant *le jalejo* dans une de ces *ventas* où l'ombre de Don Quichotte semble revenir encore, auberges où l'on dîne, s'il en faut croire Mérimée, d'un potage aux piments, que suit un poulet aux piments, avec, pour tout dessert, une salade, à l'huile forte, de piments. Et l'ail, ce condiment divin, effroi des estomacs valétudinaires, méconnu par le débile Horace qui, sans doute, enviait les « dures entrailles » des estivadours, et se privait, à contre-cœur, de bulbes odoriférants, l'ail avec son frère l'oignon et sa cousine l'échalotte, ne colore-t-il point de ses vigueurs l'allégresse permanente, l'ironie et le lyrisme incomparables du Midi français ? L'esprit et le cœur, l'imagination et la sensibilité se délectent pareillement à la mode culinaire.

La cuisine inspire à ses adeptes des mots délicieux. « On mangerait son propre père à cette sauce-là », déclare Grimod de la Reynière, auteur des œufs brouillés à la laitance de carpes, en avalant une chartreuse de perdreaux.

« Pour manger une dinde truffée, il convient d'être deux, affirme l'abbé Morelet. Je n'en use jamais autrement. Ainsi, j'en ai une aujourd'hui. Nous serons deux, la dinde et moi. »

Et Montmaur, Montmaur le Grec, — helléniste fameux et non moins illustre pique-assiette, — coupe court, sous Louis XIII, à des propos intempestifs.

— De grâce ! réclame-t-il. Un peu de silence. *On ne s'entend pas manger.*

Mais la cuisine, ce premier des arts, maître de l'univers, n'a pas en tout temps relui d'une même splendeur. Il a connu des jours d'éclipse et de revers.

Les peuples sobres, nourris d'olives et d'eau claire, les Grecs d'Aristophane qui, pour un banquet de fête conviaient leurs amis à partager des figues, un morceau de lièvre et quelques grives (Cf. *La Paix, les Acharniens*) n'atteignirent jamais à la voracité grandiose, à l'ampleur des Romains dans la goinfrerie et dans la bonne chère.

Au *Banquet* de Platon, il n'est aucunement parlé de nourriture. Le jeune Alcibiade y paraît seul en pointe de vin. Il trouble à peine le sublime entretien des convives ; puis, ayant posé sur le front de Socrate sa couronne de violettes, il se mêle gravement à leurs discours.

Les Hellènes d'à présent n'ont pas renié cette frugalité de leurs pères. Les compagnons d'Hadji Stavros ont même régime que les soldats de Léonidas ou les convives d'Agathon.

M. Georges Clémenceau nous racontait que, lors d'un récent voyage en Grèce, il coucha dans un bourg du Péloponèse. Sa chambre — la plus confortable du pays — ouvrait sur un mail où les hommes du village eurent l'idée importune de se donner un medianoche. Les cris, les chants, les altercations et les rires empêchaient le touriste de dormir. On était en plein mois d'août. Il eut la curiosité de descendre pour voir de près ce repas tumultueux. Le festin se composait d'eau fraîche et de petoncles faisant les trois services, tenant lieu de rôt et d'entremets. Au moyen d'une épingle, chacun des convives retirait le mollusque de sa coquille, comme on fait en Bretagne pour les bigorneaux en poussant plus de clameurs que tous les suppôts de Gargantua et les Argiens d'Homère, autour d'un bœuf entier posé sur un plat d'or ».

Maîtresse du monde, impératrice des nations, Rome étendit son empire sur la table et là — comme partout ailleurs — donna des lois à l'Univers.

La tempérance de la vieille féodalité romaine, le goût des « ognons crus et du vinaigre militaire » quand la richesse du monde se vint condenser autour du Capitole, eurent bientôt fait de disparaître. Les noms de Lucullus, d'Apicius, de Sempronius, Rufus... qui le premier fit servir sur sa table

la cigogne au pied rouge et le turbot marin,

brillent comme des Dieux parmi les classiques de la bouche. On n'a retenu du premier que la déclaration magnanime :

« Lucullus dîne chez Lucullus » encore qu'il se soit avéré comme un administrateur insigne et l'un des plus fameux lieutenants de Pompée. Le second reluit davantage, grâce aux faiseurs d'anas. Le public n'a pas oublié qu'après avoir dissipé en bombances gigantesques à peu près une centaine de millions, il préféra mourir que vivre dans la détresse, n'ayant plus que deux millions quatre cent mille francs pour alimenter sa boulimie. Il se tua plutôt que de renoncer aux turbots monstrueux, aux sangliers de Venafre ainsi qu'aux vins de Falerne cachetés dans l'amphore, Manlius étant consul.

Aulus Vitellius revêtit de la pourpre impériale son insatiable gourmandise.

Louis XVIII, qui, sans préjudice des autres mets, absorbait, chaque matin, dix-huit côtelettes de mouton, semble, auprès du neuvième César, un mangeur de la petite espèce.

Vitellius, en effet, connut l'orgueil d'avoir inauguré ce plat gigantesque, ce plat qu'il nommait, à cause de ses proportions insolites, *bouclier de Minerve Poliade*. On y mêlait des foies de scares, des cervelles de faisans et de paons, des langues de phénicoptères, des laitances de murènes que des navarques allaient chercher sur leurs trirèmes, depuis le pays des Parthes jusqu'au détroit espagnol.

Il faisait régulièrement trois repas et quelque fois quatre, mais dont aucun ne pouvait passer pour léger. Il se faisait quotidiennement inviter chez plusieurs personnes ; chacun de ces festins ne coûtait pas moins de quatre cent mille sesterces, cent mille francs de monnaie française. Le plus somptueux entre les dîners du règne fut le repas que lui servit son frère, quand il revint de Germanie. On y posa sur table deux mille poissons et sept mille oiseaux de choix.

Ce robuste mangeur était d'aspect hideux, ayant le ventre gros, la face bourgeonnée, tel un ivrogne de la plus basse espèce.

Pétrone ou l'auteur, quel qu'il soit, du *Satyricon*, nous a transmis quelques-uns de ces menus prodigieux dont le grotesque Trimalchio, armateur enrichi et semblable par quelques points aux yankees milliardaires qui font dîner avec eux des porcs ou des chevaux, régalait, au IIe siècle de notre ère, ses parasites et ses affranchis. On y mangeait des œufs en pâte ferme contenant des becquefigues, des sangliers rôtis dont les flancs recélaient des étourneaux vivants, des gâteaux d'où giclait une eau safranée aspergeant la face des convives, des cochons que le maître-queux s'accusait de n'avoir pas vidés et qui, sous le couteau de l'écuyer tranchant, laissaient échapper des monceaux de crépinettes, de boudins, le tout au milieu des divertissements les plus ridicules, des acrobates, des danseurs de corde et des propos goujats.

On est loin des Romains de tragédie et des pompiers de David, avec leurs casques, leurs sentences, leurs tirades qui si lourdement ont pesé sur nos années de collège, de ces Romains qui, d'après le mot de Vacquerie, « ne boivent que du poison et ne mangent que « leurs enfants ».

Le riche Nasidienus, qui connut la gloire d'héberger Mécène avec Horace et Fundanius le poète comique, se chamarrait déjà d'assez bons ridicules ayant le mauvais goût de préconiser la chère qu'il servait, de présenter à ses convives un sanglier frais, mis à mort par le vent d'antan propre à mûrir la venaison et d'admettre à sa table des parasites sans vergogne, tel ce Nomentanus qui, pour talent comique, se vantait d'absorber, en une bouchée, les plus énormes croustades où ce Vibidius Balatro, fier de trinquer « ruineusement », qui, sans cesse, réclamait de plus grands verres et, comme le Scapin de Regnard, demandait

> ...que la cave épuisée
> Lui fournit à pleins brocs une liqueur aisée.

Si Vitellius fut un goinfre d'une surhumaine capacité, le jeune Héliogabale — maître du monde, à quinze ans, mais dont l'extravagance n'avait pas les goûts artistes du fils divin d'Ænobarbus — réalisa, sur le trône des Césars, les mascarades gastronomiques, imaginées par l'auteur du *Satyricon*.

A l'imitation d'Apicius, il mangeait souvent des talons de chameaux, ce qui nous paraîtrait un mince régal, des crêtes de coqs arrachées à des coqs vivants, des langues de paons et de rossignols, parce que, disait-il, ce mets préserve de la peste.

Il faisait servir aux officiers du palais, en d'énormes plats, des entrailles de rougets, des cervelles de phénicoptères, des têtes de perdrix, de faisans et de paons. Il jetait des raisins d'Apamée dans les mangeoires des chevaux. Les lions étaient nourris avec des faisans et des perroquets. Il faisait servir à ses parasites des aliments figurés en cire ou en bois, souvent en ivoire ou en terre cuite, quelquefois même en marbre ou en pierre ;

c'est sous cette forme qu'on leur présentait toute la variété des plats dont il mangeait lui-même ; les invités se lavaient les mains, étant tenus de boire autant que s'ils avaient mangé.

Héliogabale, comme les esthètes de Mirbeau, avait le goût superbe de forcer la nature, de servir des purées en branches et de ne prendre que des nourritures déguisées avec art. Ce frêle jeune homme aux traits fanés à l'aspect maladif, avec sa barbe frisottante et ses yeux de poisson mort ne fit jamais un repas qui lui coûtât moins de vingt-cinq mille francs. Il ne mangeait pas de marée au bord de la mer, ainsi la faisait servir dans les endroits les plus éloignés. Près de la Méditerranée, il nourissait les paysans avec la laitance des brochets et des lamproies. Il combinait des festins en couleurs, bleus, verts ou jaunes, ainsi qu'ont de nouveau, pendant les belles années du Symbolisme, tenté de le faire quelques snobs pleins d'imagination. Un jour la table était émeraude, le lendemain nuancée de pourpre violette ou de transparent azur, tantôt rose pâle et tantôt vert bouteille. Il faisait servir des pois avec des parcelles d'or, des lentilles avec des pierres de foudre, des fèves avec de l'ambre jaune, du riz avec des perles, truffes et marée étaient saupoudrées, tour à tour, de perles et de poivre.

Dans son poème de *Melænis*, Louis Bouilhet, bon latiniste, lecteur fervent de Plaute, que documentait le grand Flaubert et qui devait à la tendresse du maître une large et noble culture, une plastique verbale digne de cette Rome qu'ils aimaient, a consacré des vers pleins de richesse et de sonorité à la gloire du cuisinier latin (*Melænis*, chant II, vers 13 et suiv., pp. 164 et suiv., édit. Lemerre).

Ceci n'est aucunement exagéré. Ne criez pas à l'absurdité, à la déraison, à la poésie. Aucune grandeur humaine, si magnifique et superbe qu'on l'imagine, aucune grandeur n'est en possession d'affaiblir le los du cuisinier.

Celui qui s'escrime de la broche, qui met les casseroles en batterie, et conduit à la victoire l'ost ingénu des marmitons, participe aux honneurs des soldats triomphants. On lui décerne le même nom, le même titre qu'aux généraux d'armée. Et seul, unique et majestueux entre les pacifiques, l'empereur de la cuisine porte le nom de « chef » comme les Scipiades, comme Annibal, comme Jules César.

Le Moyen âge marque une halte dans l'évolution de la gastronomie. En dépit des louanges que donnèrent aux bombances féodales M. Karl Huysmans et quelques autres dyspeptiques de notoriété plus mince, tout porte à supposer que les viandes et leurs condiments laissaient fort à désirer dans ce temps de barbarie et de mysticisme à outrance.

Les dames à long corset, les beaux chevaliers pareils aux figures des jeux de cartes, les poursuivants d'armes, les convives de la Table Ronde et les écuyers d'Arthur ou compagnons de Rolland, tenaient pour mets des Dieux la cigogne, le paon, oiseaux coriaces et de plate saveur. Ils attestaient le héron et le faisaient rôtir ; ils engageaient leur foi sur cette viande immangeable sans doute par idéalisme et pour que leurs serments ne parussent pas fomentés par les délices de la cuisine, par « l'humeur communicative des banquets ».

Les bourgeoises ripailles, « compulsoires à beuverie », ainsi que les nomme Rabelais, manquaient un peu de raffinement ; le choix des nourritures, les propos des convives, exhalaient un fumet de nos tripières et de grosse gaîté. Ce n'étaient que gras-double, andouilles, jambonneaux et fumures. La verve n'y faillissait point ni l'appétit. « Je me porte appelant de soif comme d'abus. « Page, relève mon appel ! — dit un des « compagnons de Grandgousier. Remède « contre la soif ? Il est contraire à celui qui « est contre morsure de chien : Courez tou- « jours après le chien, jamais ne vous mor-

« dra ; buvez toujours avant la soif, jamais
« soif vous poindra. »

Les *Repues franches* attribuées à Villon ne
témoignent pas non plus d'une extrême délicatesse. Le maigre écolier de la rue de
Fouarre, qui, pour peindre la famine, a
trouvé dés images si nettes et si cruelles,
nommant l'hiver : « saison où -les loups vi-
vent de vent », apitoyé sur les vagabonds qui
« pain ne voient qu'aux fenêtres », connais-
sait trop la nécessité, les appels du ventre
creux pour manifester de bien grandes exi-
gences à propos des mets que la Providence,
ou, pour mieux dire, quelque tour de Pa-
nurge, en manière de larcin furtivement fait,
lui mettait sous la dent. Les clercs, les éco-
liers, les hommes d'armes qui fréquentaient
dans les tavernes méritoires de la cité ne
raffinaient guère sur la composition de leur
menu : chez la grosse Margot ils trouvaient
pain, fromage, vin et fruits. Ce n'était pas là
précisément le dîner d'Apicius.

Il faut arriver au siècle de Louis XIV pour

que l'art de dîner retrouve ses honneurs. Sous les Valois, malgré la science des cuisiniers napolitains venus à la suite des reines *italiennes*, le repas est affaire d'ostentation et de parade. Les femmes d'alors, précieuses et renchéries, malgré la brutalité de leurs mœurs et la bassesse de leurs goûts, les femmes outrageusement serrées dans leurs corps de jupes, enduites de fards et de pommades, ne faisaient guère en public autre chose que le simulacre de manger. Alphonse Daudet prétend qu'une Parisienne moderne, « une vraie mondaine française, trouve toujours le dîner bon quand elle a une robe « seyante à sa beauté. » Il en était un peu de même à la cour de Nérac, au Louvre des derniers Valois, où l'intrigue politique, la galanterie et l'amour des sciences occultes, où la curiosité d'art à son premier éveil tenait en suspens les héroïnes de Brantôme et de Ronsard.

Avec les fils d'Anne d'Autriche, la scène évolue et la table reconquiert soudain un merveilleux prestige. La goinfrerie de Louis XIV a quelque chose de majestueux, comme sa perruque et son justaucorps doré. Même quand il joue au billard, il sent qu'il est le maître du monde. On le voit bien plus quand, prenant place au grand couvert, il mange sur une estrade entourée de balustres, servi par les premiers gentilshommes du royaume ; quand il promulgue les faveurs et les disgrâces dans un langage mesuré, plein de convenance, mais pourtant animé par la chaleur du repas, ou qu'il jette avec une grâce impérieuse des pommes, des oranges ou même des boulettes de mie aux dames qui ripostent par le même jeu.

Tout est noble, décent, réglé, superbe comme lui-même. Le monde entier, le modèle à sa ressemblance.

L'appétit du monarque ne concourt pas médiocrement à l'éclat de la Couronne. Louis XIV enseigne à Mansard comment on architecture une fenêtre, à Coypel comment on peint un tableau, à Bossuet comment on débite un sermon, à Racine comment on compose une tragédie. Et c'est de lui que La Quintinie apprend à sucrer les pêches de Montreuil, à bonifier les poires et les pommes du verger royal.

« Le Roi, feu Monsieur, Monseigneur le Dau-
« phin et M. le duc de Berri étaient grands man-
« geurs, écrit la princesse Palatine ; j'ai vu le roi
« manger quatre pleines assiettes de soupes di-
« verses, un faisan entier, une perdrix, une grande
« assiette de salade, deux grandes tranches de
« jambon, du mouton au jus et à l'ail, une as-
« siette de pâtisserie, et puis encore du fruit et
« des œufs durs. Le Roi et feu Monsieur aimaient
« beaucoup les œufs durs.

Louis XIV, dans les divertissements de Molière, dans les tableaux de Lebrun et les hauts-reliefs de la porte Saint-Martin, c'est Apollon, c'est Hercule, c'est Neptune ; dans la mécanique de ses repas, c'est un goinfre qui s'empiffre d'œufs durs et demande à Fagon, à Vallot, à la Faculté entière de combattre la bile noire et les humeurs peccantes, résultat de cette alimentation gigantesque. Il aime les belles mangeuses, non pas celles qui grignotent délicatement, celles au contraire, dit Saint-Simon, qui mangent à crever.

Ces crevailles sont un rite de la Monarchie absolue. Quand il voyage, Louis XIV emporte dans son carrosse un en-cas plantureux dont il gave les duchesses. Mme de Chaulnes en retira quelques désagréments sur lesquels, Saint-Simon, avec un beau sans-gêne de grand seigneur, étranger à notre hypocrisie verbale, a fourni les détails les plus circonstanciés.

Le poulet rôti que l'on servait au roi dans sa chambre à coucher, en prévision d'une fringale nocturne, lui servit à faire à Molière une politesse dont la mémoire décore tous les esprits peu coutumiers des lectures historiques.

La famille, les favoris de Louis XIV suivaient un si glorieux exemple. Ce n'étaient que mangeailles, festins et médianoches. Mme de Montespan buvait du rosolio à plein verre. Les princesses, de liqueurs fortes et de vins généreux s'enivraient, puis envoyaient chercher au corps de garde les pipes des suisses et fumaient là-dedans du tabac de lansquenet. La tradition continue avec Philippe d'Orléans, dont l'amour paternel se manifeste en gorgeant de vins et de spiritueux la duchesse de Berri.

— Philippe d'Orléans, dont Mme de Parabère, « ce petit corbeau noir », ainsi que dit Madame, achève la conquête en portant le vin comme un fort de la halle ou comme un buveur de profession.

Pour secouer le morne ennui de l'Escurial, Marie-Louise d'Orléans, fille de Mme Henriette, femme de Charles II, mangeait souvent et beaucoup, « avec — dit Paul de Saint-« Victor — le plaisir animal qu'apportent à « leurs repas les créatures solitaires. Aussi « prenait-elle un embonpoint turc, l'embon-« point d'une sultane enfermée dans les « salles basses d'un harem. »

La reine d'Espagne, écrit M. de Villars, est engraissée au point que, pour peu qu'elle augmente, son visage sera rond. Sa gorge, au pied de la lettre, est déjà trop grosse, quoiqu'elle soit une des plus belles que j'aie jamais vues. Elle dort à l'ordinaire dix à douze heures ; elle mange quatre fois le jour de la viande ; il est vrai que son déjeuner et sa collation sont ses meilleurs repas. Il y a toujours à sa collation un chapon bouilli sur un potage et un chapon rôti.

Vers la fin de la monarchie, les plus jeunes filles elles-mêmes ne rêvaient que soupers. Les filles de France avaient dans leurs armoires des jambons, des daubes, des mortadelles, du vin d'Espagne ; elles s'enfermaient souvent à toutes heures pour manger. Trente-cinq ans après la mort de Louis XIV, elles veulent avoir leur petit souper dans leur cabinet comme le Roi Bien-Aimé, elles s'y crèvent de viande et de vin, toujours comme le roi, et se plaignent comme lui de continuelles indigestions. Plus tard, elles empruntent de l'argent pour se procurer des friandises.

C'est l'époque chère entre toutes *au moderne bourgeois* du style pompadour, des petits vers, des allures chantournées, des tableaux de Fragonard, des chansons libidineuses et des rimes insuffisantes, où les belles dames poudrent leurs cheveux, allument d'un soupçon de rouge leurs yeux tour à tour effrontés et mourants, portent à leurs oreilles les plus belles pierres, sur leurs paniers les plus riches étoffes et négligent avec une aristocratique désinvolture l'usage des ablutions, époque galante des pots à fards, des billets doux et des toilettes en dentelles, mais à qui les salles de bains font absolument défaut.

La cuisine participe au bel air qu'ont pris les choses. Elle invente pour ses préparations les plus ordinaires, des noms savoureux et légers. Quels jolis substantifs et combien substantiels ; profiteroles, croque-en-bouche, fricandeau, gibelotte, le riz à la financière et le potage velouté ! Elle fricasse des galantines ; elle jette des vol-au-vent par-dessus les moulins. Louis XV fait bouillir son café ; le vainqueur de Mahon bat une sauce à l'huile, tandis que les gardes françaises chantent vêpres aux Porcherons et que la noblesse — seigneurs et gentilshommes — s'encanaille à Ramponneau.

La gloutonnerie des Bourbons éclate chez Louis XVI d'un manière intempestive. A aucune époque de sa vie, le pauvre homme ne sut modérer ni contenir son appétit. Quand il se fut déterminé à quitter les Tuileries, le 21 août 1791, il se détourna de son itinéraire pour déjeuner à Etoges, chez son premier valet de chambre, M. de Chamilly. Quand il entra dans Varennes, les troupes du marquis de Bouillé étaient parties depuis deux heures, mais le postillon Drouet et ses hommes l'attendaient. A peine de retour aux Tuileries, il soupa, dévora un poulet comme si rien d'extraordinaire ne s'était passé. Il mangeait salement ; et Buffon, ayant assisté une fois à son grand couvert, laissa échapper un mot qui n'est pas du style soutenu, devant les sangliers domestiques élevés par le Jardin des plantes : « Eh bien, le roi, dit-il, mange comme ces animaux-là ! »

Mais revenons au temps du Roi Soleil.

La bourgeoisie opulente et vaniteuse prenait modèle sur la Cour ; tant pour la délicatesse que pour l'abondance, la table des gens. de robe ou de négoce égalait celle du roi et des seigneurs.

Molière nous a donné le menu d'un repas de gala offert par un marchand drapier, infatué de noblesse à une femme de qualité.

« Je demeure d'accord avec lui que le repas n'est pas digne de vous.

« Comme c'est moi qui l'ai ordonné, et que je n'ai pas, sur cette matière, les clartés de nos amis, vous n'avez pas ici un repas fort savant. Vous y trouverez des incongruités de bonne chère et des barbarismes de bon goût. Si Damis s'en était mêlé, tout serait dans les règles ; il y aurait partout de l'élégance et de l'érudition. Il ne manquerait pas de tout exagérer, lui-même, toutes les pièces du repas qu'il vous donnerait et de vous faire tomber d'accord de sa haute capacité dans la science des bons morceaux, de vous parler d'un pain de rive, à biseau doré, relevé de croûte partout, croquant tendrement sous la dent ; d'un vin à sève veloutée, armé d'un vert qui n'est point trop commandant : d'un carré de mouton gourmandé de persil ; d'une longe de veau de rivière, longue comme cela, blanche délicate, et qui, sous les dents, est une vraie pâte d'amande ; de perdrix relevées d'un fumet surprenant ; et pour son opéra, d'une soupe à bouillon perlé, soutenue d'un jeune gros dindon cantonné de pigeonneaux et couronné d'oignons blancs, marié avec la chicorée. »

On trouverait aujourd'hui le régal assez épais. Encore que les jeunes femmes d'à-présent aient renoncé à l'usage ridicule de ne pas avouer leur appétit, elles auraient, sans doute, quelque peine à débrider dans la même séance une longe de veau, un carré de mouton, et, comme dessert, un potage avec le gros dindon obligatoire, flanqué de ses légumes et fort semblable, peut-on dire, au « bouilli » contemporain.

Mais en 1677 on n'y regardait pas de si près. Le classique festin ridicule de Nicolas Boileau présente le spectacle d'une bombance formidable, d'un entassement de nourritures à nous lever le cœur.

« J'allais enfin sortir quand le rôt a paru. Sur un lièvre flanqué de six poulets étiques s'élevaient trois lapins, animaux domestiques qui, dès leur tendre enfance, élevés dans Paris, sentaient encore le chou dont ils furent nourris. Autour de cet amas de viandes entassées, régnait un long cordon d'alouettes pressées et sur les bords du plat, six pigeons étalés présentaient un renfort de squelettes brûlés. »

Madame trouvait encore ces mangeailles trop délicates.

« Je ne mange, écrit-elle à l'électrice de Hanovre, en fait de soupe, que la soupe au lait, à la bière ou au vin ; je ne peux souffrir le bouillon et je suis tout de suite malade s'il s'en trouve un peu dans les plats que je mange... nul ne s'étonne que je me régale de boudins ; j'ai aussi mis à la mode ici les jambons crus. Tout le monde en mange maintenant. On ne mangeait guère de gibier avant ma venue. Or, j'ai mis tout cela à la mode, ainsi que les harengs saurs. J'ai appris au feu roi à les manger. Il les trouvait fort à son goût. J'ai tellement affriandé ma gueule allemande (veuillez faire état que c'est la princesse qui parle) à des plats allemands que je ne peux manger un seul ragoût français. Je ne mange que du bœuf, du veau rôti, quelquefois du mouton, des perdrix ou bien des poules rôties et jamais du faisan. »

La Terreur impose un entr'acte sanglant aux fêtes gastronomiques. Finis les soupers des buveurs et les soupers des philosophes. Chez le duc de Choiseul, Cazotte, l'illuminé,

a prédit l'exécution des souverains et la charette homicide à Mme de Grammont. Il a
même annoncé la conversion de La Harpe.
Après cela pourra venir la fin du monde.
C'est un monde, en effet, qui meurt et se décompose pour renaître, demain, plus jeune
et plus fort, comme le vieil Eson après avoir
bouilli dans le chaudron magique.

Après le Neuf Thermidor, la fête recommence ; à la débauche de sang, la débauche
de ripaille ne tarde pas à succéder. Le Directoire inaugure cette marche triomphale de la
gourmandise à laquelle tour à tour l'Empire
et la Restauration vont apporter de nouveaux
contingents.

C'est le beau temps de Carême, de Véfour,
des frères Provenceaux, du rocher de Cancale ;
c'est l'ère du Palais-Royal qui commence,
avec ses galeries de bois, ses traiteurs, ses
bijoutiers, maisons de jeux et le reste !

Chevet montre à son étalage des turbots
dignes d'être offerts à Domitien, prince des
amphitryons, qui demandait au Sénat la

sauce la plus convenable à ce monstre marin. Corcelet, négociant, offre aux gourmets, dans sa boutique de la galerie Montpensier, le café de provenance directe échappé au blocus continental et, dans leurs fioles bizarres, les liqueurs authentiques de la veuve Amphoux. Son enseigne (1) représente un élégant de l'an IX en possession de trancher une poularde avec la dignité, l'onction et l'élégance que comporte un pareil geste.

Napoléon, qui sait l'art de gouverner les hommes, regarde la table comme un instrument de règne. Talleyrand, ministre des Relations étrangères, Cambacérès, archichancelier de l'Empire, le cardinal Fesch, oncle de l'Empereur, traitent selon ses ordres, avec une magnificence inouïe, diplomates, prélats, étrangers de marque, les rois conquis au jeune Bonaparte, les rois pour qui Talma et Mlle Georges ont l'honneur de jouer *Phèdre*, *Cinna*, *Mithridate* et *Britannicus*, premier que

(1) Que l'on peut voir encore avenue de l'Opéra, dans la boutique modernisée de ce « négociant » d'autrefois.

le décret de Moscou ait établi le sort des co-
médiens.

Cambacérès est un amphitryon somptueux, une fourchette magnanime. Il mange
comme un prince, ou comme un financier.
Ni Fouquet, ni la Popelinière, ni Grimod, le
divin Grimod de la Régnière, qui, pareil aux
princes charmants des contes de fées, avait
les doigts palmés comme une patte d'oie,
aucun de ces grands hommes n'a mieux
connu que l'archichancelier cet art glorieux
de donner à dîner. Un dessin de Carle Vernet
le montre en habit de cour, promenant sa be-
daine, dans une brouette, sous les rameaux
— déjà précaires — du Palais-Royal.

C'est au cardinal Fesch qu'il convient d'at-
tribuer l'anecdote magnifique des deux turbots.

Son maître d'hôtel joignait aux plus beaux
talents une imagination rare, de l'audace et
de la clairvoyance. Le prince de l'Église reçut
un jour deux turbots. Ceux du despote ro-
main n'étaient auprès qu'une limande. Ils

arrivaient fort à point. Ce jour-là même plusieurs cardinaux, évêques, archevêques et autres dignitaires ecclésiastiques dînaient chez le primat. Le cardinal aurait souhaité que l'un et l'autre poisson fissent les honneurs de sa table. Quelle gloire pour le clergé ! Mais aussi quelle faute de goût que ce faste, bon à peine chez quelque parvenu. Ce rendez-vous de turbot eût semblé ridicule aux gens élevés dans les délicatesses de l'ancien régime. Le cardinal exposa la difficulté à son maître d'hôtel. —

— « Que votre Eminence se rassure ! Ils paraîtront tous deux sans avoir pour cela besoin de commettre une incongruité dans l'ordonnance du repas. » On sert le dîner. Un premier turbot relève le potage. Exclamation ! Enthousiasme ! Recueillement. Le maître d'hôtel s'avance alors. Deux officiers de bouche s'emparent du monstre et l'emportent afin de le servir. Mais l'un d'eux, par un faux pas adroitement calculé, perd l'équilibre et le turbot, avec lui, roule sur le parquet, à la grande stupeur des convives.

— « Qu'on en apporte un autre », ordonne le maître d'hôtel sans se déconcerter.

Faut-il parler ici de l'influence qu'a toujours eue la table sur la production de l'intelligence, dire l'aide que lui donne le café, énumérer les tasses de Voltaire et les soupières de Balzac ? Ironie de la gloire ! Le père du Romantisme, le leader de la Constituante comme on dit à présent, ont uni leur gloire dans une œuvre de bouche qui survit à l'éclat des *Martyrs*, au retentissement du *Discours sur la Banqueroute*. Bien des gens qui ne liront jamais *Atala* ou les *Mémoires d'Outre-tombe*, qui ne connaissent même pas de vue un quidam ayant fréquenté les *Lettres à Sophie*, ont pour le chateaubriand à la Mirabeau une tendresse légitime. Et Rossini, Giacomo Rossini, dont la musique de fête induisit en rêve Massimila Doni et la Marianne de Gambarra, nos aïeules, Rossini dont le *Moïse*, qui nous fait rire, faisait pleurer les héroïnes de la *Comédie humaine*, que serait-il aujourd'hui, sinon le parrain oublié de la salle des ventes, s'il n'avait eu l'idée, ô combien géniale ! d'associer la truffe et le foie gras au bifteck de chaque jour ?

La cuisine a ses écrivains comme la musique ou l'assyriologie. Il convient de citer avec honneur ces poètes, ces romanciers, ces essaystes qui donnèrent une voix à la muse des fourneaux. Et je ne parle pas ici de la pléiade bachique, des membres du *Caveau*, des faiseurs d'opéra-comique dont la verve s'est épandue en des couplets sans nombre, en des brindisis dont M. Julien Tiersot, lui-même, ne sait plus le compte.

Non, les auteurs culinaires sont les consciencieux, qui, avec des mots appropriés, ont décrit la poule au riz, la suprême de volaille, l'omelette à la purée de caille ou le turban d'ananas. Malgré la recette qu'il donne de la salade japonaise, fort méchante d'ailleurs, Alexandre Dumas, le deuxième du nom, ne saurait être compté parmi

les écrivains gastronomes ; car il s'est
— le volage — occupé d'autres choses.

On en peut dire autant du bruitiste Mari-
netti. Son *Roi Bombance*, proche parent du
Roi Ubu, symbolise un état de la civilisation,
mène les chœurs d'une satire politique,
parmi le tourbillon des fautes de français.
Redoutable goinfre, il absorbe dans les abîmes
de son gésier, toute la richesse, tous les fruits
du labeur humain : c'est « le Capital » dévo-
rateur.

Parmi les écrivains purement addonnés à
la belle gastronomie, inscrivons Berchoux qui
rima la *Gastronomie* sur les patrons de
l'abbé Delille, Brillat-Savarin, à qui l'on doit
cette heureuse version de la maxime de Vau-
venargues : « Les grandes pensées viennent
de l'estomac », Horace Raisson de qui le
Code Gourmand exhale, peut-on dire, un
fumet exquis de salle à manger sous la Restauration, au beau temps du rocher de Cancale et des Frères provençaux, enfin Charles
Monselet qui dota les lettres françaises du

Cochon (1), incomparable sonnet pour lesquelles je donnerais tout Pétrarque et pas mal d'autres rimes par surcroît.

Et ce fut aussi un écrivain digne peut-être qu'on le nommât culinaire, ce poète d'autrefois qui, par jeu, se plut à rappeler les gargottes de son adolescence, les tavernes peu méritoires de Toulouse où tant de jeunes

(1)   LE COCHON

Car en toi tout est bon : chair, gresse, muscle, tripe,
On t'aime, galantine, on t'adore, boudin !
Ton pied — dont une sainte a consacré le type —
Empruntant son arome au sol périgourdin,
Eut réconcilié Socrate avec Xantippe.

Ton filet qu'embellit le cornichon badin,
Forme le déjeuner de l'humble citadin
Et tu passes avec l'oie au Frère Philippe.

Mérites précieux et de tous reconnus,
Morceaux marqués d'avance, innombrables, charnus.
Philosophe indolent qui mange

          et que l'on mange !

Comme, dans notre orgueil nous sommes bienvenus
A vouloir, n'est-ce pas ? te reprocher ta fange,
Adorable cochon, animal-roi !

          CHÈR ANGE !

hommes, veufs à présent de tous cheveux, ingurgitaient des pitances laconiennnes et des rôtis sans volupté : le veau Allard.

Et voici Raoul Gineste qui dépeint la tristesse des vieux chats (2), loin des tables amiteuses qu'offrait à leur délicatesse les vieilles demoiselles pour qui les bêtes domestiques sont un dernier amour.

Le chat, animal nerveux, patricien et de goûts relevés, sent profondément ces choses.

L'heure du dîner, en effet, est vraiment l'heure de l'exil. Jamais les saules de Babel ne versent une ombre plus amère qu'au moment où l'on regrette les ognons d'Egypte.

La cuisine est la demeure de Vesta. Elle renferme la pierre du foyer qui, lui-même, sert de fondement et de base à la patrie.

(2)   LES VIEUX CHATS

> Comme ils sont tristes, les matous
> De n'être plus sur les genoux
> Qui leur faisaient des lits si doux !
>
> Qu'ils regrettent les longues veilles
> Où les doigts secs des bonnes vieilles
> Taquinaient leurs frêles oreilles :

Quand, assises au coin du feu
Et rêvant au bel houzard bleu
Qui reçut leur premier aveu,

Les tricotteuses de mitaines
Evoquaient les amours lointaines,
Le temps heureux des prétentaines,

Alors, les mimis adorés,
Prenant des airs enamourés,
Arquaient leurs dos gras et fourrés.

Ils avaient des façons béates
De se lustrer du bout des pattes,
En songeant aux mignonnes chattes

Ou, comme des sphynx accroupis,
Ils ronronnaient sur les tapis,
Laissant aux rats de longs répits.

Fi des rats malins ! Les maîtresses
Leur faisaient de grasses paresses
Pleines de lait et de caresses.

Le bon mou qu'on allait manger,
Cuisait avec un bruit léger :
Fallait-il donc se déranger ?

Mais, ô revers inévitables !
Des héritiers peu charitables
Ont proscrit les chats de leurs tables.

Les voilà bohêmes ! Souvent,
Par les nuits de neige et de vent,
Ils grelottent sous un auvent.

Ombres étiques et funèbres
Ils profilent dans les ténèbres
Leurs dos où saillent les vertèbres

Et, quand ils voient passer en bas,
Des bonnes vieilles à cabas,
Qui trottent menu, d'un air las

Le bon goût des crèmes sucrées
Où trempaient les croûtes dorées,
Revient à leurs lèvres sevrées.

Et les vieux chats, d'un air dolent,
Hanté par un cruel relent,
Font le gros dos, en miaulant.

Omettre ici le nom de la *Cuisinière bourgeoise*, de ce *compendium* lumineux qui se peut, à bon droit, nommer le *Code* et la *Somme* gastronomiques, serait un geste de la plus odieuse ingratitude.

La Cuisinière bourgeoise ! Elle abonde en formules savoureuses, en robustes apophtegmes, comme il convient à un écrit de bouche où le ferme appétit du Tiers va chercher ses inspirations.

« Le homard demande à être cuit vivant »,

affirme l'auteur de cet irréprochable Manuel.

Et vraiment l'on est ému, touché aux larmes de voir un crustacé, le homard, d'ordinaire silencieux et même taciturne, prendre, une seule fois, la parole pour demander le bain un peu chaud qui bonifiera sa viande. Auprès d'un tel dévouement, combien mesquins les sacrifices légendaires d'Œlius Tubero, de Mucius Sævola, de Régulus ou du chevalier d'Assas ?

Le moderne scepticisme, l'indifférence en matière de religion, l'oubli dans lequel sont les règles orthodoxes, les coutumes dévotes et les principes en allés, portent à la cuisine du xxe siècle — affairée, insipide, quelconque et déloyale — portent à la cuisine d'aujourd'hui, à celle de demain un coup sournois et pernicieux. Quand il souffle à travers les fourneaux, le vent du rationalisme tourne en graillon les sauces et compromet le rôti. Si le divorce par consentement mutuel émancipe jusqu'à l'union libre tant de belles pécheresses à qui les frères Margueritte et maître

Henri Coulon espèrent, avant peu, donner, chaque soir, la permission de la nuit, on peut dire que la libre pensée inflige aux manipulations culinaires un discrédit trop mérité. Cela, bien entendu, sans exception de doctrine ou de culte. Celui qui n'a pas mangé, dans une famille israélite et pieuse, la choucroute Kasher, blonde, onctueuse, aromatique, parfumée de genièvre, rehaussée de vin blanc et lubrifiée de graisse d'oie, ignore à quel point l'orthodoxie est favorable aux manipulations culinaires. Et les gâteaux de sésame, le bœuf fumé, le *pickle fleisch* de Teumann, capables de convertir au judaïsme le cœur et même l'esprit d'Edouard Drumont. Hélas ! depuis qu'Israël s'adonne à la chair du pourceau, une vertu s'est retirée de la choucroute garnie.

Et le maigre, le maigre, cet éperon du génie, le maigre qui forçait gouvernantes de prélats et bonnes de vicaires, à jouer la difficulté, à remplacer le perdreau par la sarcelle, par l'anchois de Coullioure, le jambon interdit, à préparer les œufs de trois cents manières différentes, n'est-ce pas à proprement dire le maître et l'inspirateur des suprêmes recherches ? Peut-être que, sans lui, la barbue attendrait encore la sauce mousseline, peut-être les écrevisses à la Nantua n'auraient-elles pas atteint le degré culminant de leur perfection ? Et nous serions privés aussi des friandises conventuelles : sucres d'orge, confitures, nonnettes et massepains.

O splendeurs évanouies ! O soleils disparus derrière l'horizon ! Hélas ! affairée, insipide, quelconque et déloyale, au début du XXe siècle on peut dire que la cuisine agonise ! Elle est, tout au moins, en pleine décadence. Les tziganes des cafés où l'on soupe , les hideuses majoliques des tavernes, la chimie substituée à la probe coction des légumes et des viandes, le régime hydrique, le végétarisme et, par dessus tout, la conserve, la sordide conserve qui prête le même goût de fer-blanc aux petits pois, aux asperges en branches, aux rognons de coq, à la sauce aux tomates, aux crevettes épluchées, la conserve où les *beef-packers* de Chicago laissent traîner des doigts humains, les bouillons tout faits, les sauces à la minute, ont déshonoré pour jamais l'art de Carême, de Trompette et du marquis de Béchamel. La cuisine se meurt ! La cuisine est morte !

Vous connaissez le dialogue des deux confiseurs. — Franchement, dit l'un de ces augures, avec quoi, mon cher confrère, fabriquez-vous l'exoptable chocolat qui porte votre nom aux confins de l'Univers ? — Mais avec du sucre, je pense, de la vanille et du cacao. — Eh ! bien, je peux vous le dire, il y a longtemps que toutes ces saletés n'entrent plus chez moi !

En attendant que l'humanité se nourrisse, comme le prédisait Berthelot, d'une pastille quotidienne renfermant sous le moindre volume tous les principes nécessaires à la vie, il nous faudra manger encore bien des galantines artificielles et des poissons traités au sublimé. Le canard à la rouennaise, que servent les restaurants de troisième ordre, ne diffèrent pas sensiblement du marcassin cuisiné par Locuste, à l'usage de Britannicus.

Le sang de taureau empoisonnait les empereurs de Suétone ; le caneton étouffé n'est pas moins toxique et les « bouillons » offrent à la démocratie un genre de mort si redoutable que défunt Huysmans, épouvanté par les artifices culinaires de son temps, courut tout en pleurs dans les bras de la religion avec l'espoir d'en obtenir de véridiques petits pois, des bouillons sincères et des rôtis hâtés à point. Vaine espérance ! On mange, à présent, dans tous les pays habités au sommet des Alpes et dans la salles des transatlantique, on mange à Copenhague comme à Francisco les mêmes sauces chimiques, les mêmes aloyaux spongieux et délavés, on mange dans le même temple du graillon, le même filet à la richelieu, le même turbot à la sauce aux câpres, à côté du monsieur en train de lire le même journal et de tenir les mêmes propos.

Les belles mangeuses que le Roi Soleil faisait monter dans son carrosse, les goinfres vigoureux lentement disparaissent, et, comme les grands chefs de la cuisine française, bientôt ne seront plus qu'un souvenir !

Pendant longtemps, la province a lutté, gardé pieusement les ragoûts indigènes, bouillabaisse au Levant, cassoulet au Ponant, et les croustades, le confit d'oie en Bigorre, et le clafoutis en Limousin. Mais la contrefaçon de Paris, l'abominable *instar*, ont tout dévoré ; les « chefs » imbéciles ont abâtardi la saine et pure tradition, noyé dans leur infâme « espagnole » ce qui faisait l'orgueil des sauces autrefois. Paris, seul, est coupable de cette déchéance. Pour l'avoir imité, la province et l'étranger (à part cette forte Belgique où l'on dîne encore aussi vigoureusement que sous Philippe le Bon et Charles-Quint) ont abdiqué les recettes héréditaires, substitué des « commodes » aux fourneaux antiques. Les Parisiens, en effet, et surtout les Parisiennes, mangent d'abord avec les yeux, ce qui fait que l'on tend, de plus en plus, à remplacer par le décor toute espèce d'aliments. Les fleurs sur la nappe compensent le beurre suspect et le gibier douteux. « A Paris, dit Alphonse Daudet, une femme estime toujours le dîner bon, pourvu que sa robe aille mieux que celle des autres femmes. »

*
* *

Qui s'informe, à présent, du menu dans les maisons qu'il fréquente ?

Les dîners, ô pudeur ! ne sont plus que des rendez-vous d'affaires ou d'amour.

Le tabac concourt au détraquement des estomacs neurasthéniques.

On fume, on boit tantôt d'atroces alcools, tantôt les sinistres eaux de table qui parlent d'intoxication et de gastrites aux appétits découragés. On déglutit des nourritures suspectes et — sans vêtir le sac de Jérémie— il est aisé de prévoir un temps où ce carré de mouton que Dorante proposait à Dorimène,

4

le cordial poulet rôti et jusqu'à l'oie aux marrons que l'on a vraiment trop rabaissée, n'offriront plus aux regards qu'une vieillerie ancestrale, une chose d'autrefois bonne à reléguer, avec le pain du siège, au musée Carnavalet.

ACHEVÉ D'IMPRIMER

le quinze novembre mil neuf cent dix-neuf par

BUSSIÈRE

A SAINT-AMAND (CHER)

pour le compte de

A. MESSEIN

éditeur

19, QUAI SAINT-MICHEL, 19

PARIS (V^e)

www.ingramcontent.com/pod-product-compliance
Lightning Source LLC
LaVergne TN
LVHW012056030726
842523LV00002B/563